Bibliografische Information der Deutschen Nationalbibliothek:

Die Deutsche Bibliothek verzeichnet diese Publikation in der Deutschen National-
bibliografie; detaillierte bibliografische Daten sind im Internet über http://dnb.d-
nb.de/ abrufbar.

Impressum:

Copyright © 2010 GRIN Verlag
Druck und Bindung: Books on Demand GmbH, Norderstedt Germany
ISBN: 9783668715752

Dieses Buch bei GRIN:

https://www.grin.com/document/197334

Erik Schrenner

Lawinen. Entstehung, Klassifikation und Schutz

GRIN Verlag

Thema:

Lawinen

Inhaltsverzeichnis

1 Einleitung

Über die ganze Welt verteilt gehen jährlich rund eine halbe Millionen Lawinen zu Tale. Dabei treten sie überall dort auf, wo sich schneebedeckte Gebirge befinden. Eine Gefahr stellen sie aber nur in besiedelten und touristisch genutzten Berggebieten dar. Lawinen fordern jährlich durchschnittlich 200 Menschenleben, wobei die Hälfte davon im Alpenraum verunglückt. Dabei sterben im Durchschnitt 26 Menschen in der Schweiz. Ein katastrophaler Lawinenabgang ereignete sich im Winter 1999 in Galtür, bei welchem 31 Menschen durch eine Schneebrettlawine ums Leben kamen. Aber Lawinen fordern nicht nur Leben, sondern sind auch für die Zerstörung von Siedlungsräumen, Infrastruktur und ganzer Wälder verantwortlich. War früher häufig die Bergbevölkerung durch Lawinen gefährdet, so stehen heute eher Touristen – Alpinisten, Skifahrer und Wanderer im Fokus. Der Grund dafür liegt in der touristischen Erschließung der gesamten Bergregionen. So haben diese ihre Priorität auf den Lawinenschutz gelegt. Neben der fachgerechten Verbauung gefährdeter Gebiete ist eine ständige Vorhersage der Lawinensituation von großer Bedeutung. Ein erhebliches Problem stellt die mangelnde Beurteilungskraft von Touristen für lawinengefährdete Gebiete dar.

Die vorliegende Hausarbeit beschäftigt sich mit dem Thema der Lawinen. Dabei soll in einem ersten Schritt der Begriff der Lawine definiert und eingegrenzt werden. Anschließend werden die verschiedenen Faktoren aufgeführt die im Zusammenspiel wirken, aber auch alleine das Ereignis eines Lawinenabgangs hervorrufen können. Im weiteren Verlauf sollen die einzelnen Lawinenarten anhand des natürlichen Ablaufes einer Lawine angesprochen, deren Gemeinsamkeiten und Unterschiede erläutert werden. Darauf folgt ein kleiner Exkurs zum Verlauf und der Entwicklung der Lawinenforschung mit einem besonderen Augenmerk auf die Schweiz. Den Abschluss der Arbeit soll eine Auflistung mit Erläuterungen von Lawinenschutzmaßnahmen bilden, um einen kompletten Überblick über das Thema Lawine bekommen zu können.

2 Definition der Lawine

Unter dem Begriff der Lawinen wird ein schnelles Abstürzen oder Abgleiten von Material der natürlichen Schneedecke längs eines Berghanges über die Distanz von mindestens 50 Metern bezeichnet. Dabei bewegt sich der Schnee als fließende, gleitende oder rollende Masse oder als aufgewirbelte Schneemasse hangabwärts.

Allgemein bezeichnet der Begriff der Lawinen Schneelawinen, er findet aber auch seltener Anwendung bei Stein-, Schutt- oder Eislawinen. Weiterhin umfasst er den gesamten Bewegungsvorgang vom Lösen der Schneemasse im Anrissgebiet, bis zur Akkumulation des Lawinenschnees, welche durch das flacher werdende Gelände hervorgerufen wird. Charakteristisch für das Anrissgebiet sind in der Regel steile oder waldfreie Hänge. Die Vorgabe der Bewegung in der Sturzbahn erfolgt durch das vorliegende Gelände. Zu ergänzen wäre noch, dass es sich bei der Definition der Lawine um drei verschiedene Sachverhalte handeln kann. Zum einen wäre das der Vorgang des Abgleitens, zum anderen die abgelagerte Schneemasse oder auch das Gebiet in der eine Lawine häufig auftritt (Fischer:1999:41/Lieb:2001:2,22/OcCC:2003:77).

3 Lawinenentstehung

Damit es überhaupt zur Entstehung einer Lawine kommen kann, müssen eine Reihe von Rahmenbedingungen erfüllt werden, wobei diese den drei Hauptfaktoren Schnee, Gelände und Witterung zugewiesen werden können. Entscheidend ist außerdem, dass alle Faktoren in einem wechselseitigen Beziehungsgefüge zueinander stehen, wodurch sie nicht isoliert voneinander zu betrachten sind.

3.1 Schnee als Faktor

Die Mächtigkeit der Schneedecke ist ein entscheidender Faktor bei der Bildung von Schadlawinen. So wächst bei vielen winterlichen Schneefällen die Schneedecke an, wobei sich immer mehr interne Gleitflächen durch die verschiedenen aufeinanderliegenden Schneeflächen ausbilden können. Je höher die Zahl unterschiedlicher Gleitflächen steigt, umso größer wird auch die Gefahr eines Lawinenabganges. Neben der Entstehung der Gleitflächen bei starkem Schneefall stellt sich ein weiteres Problem dahingehend dar, dass die Setzung und somit die Verfestigung des Schnees möglicherweise nicht mit der Vergrößerung des Eigengewichtes der Schneedecke mithalten kann. Dadurch kommt es zur Überschreitung der Scher-, Zug- oder Druckfestigkeit, wodurch die Schneedecke instabil wird (Flaig:1955:73/Lieb:2001:22).

Ein weiterer zentraler Punkt für die Entstehung von Lawinen ist die Eigenschaft der Schneedecke und deren Aufbau. Dabei ist als erstes Fest- und Lockerschnee zu unterscheiden. Beim Festschnee sind die Schneeteilchen nicht frei beweglich. Der Aufbau der Schneedecke wird hauptsächlich durch den Untergrund bestimmt. An dieser Stelle spielen im Falle eines Lawinenabgangs weitere Faktoren, wie der Wasserhaushalt und die Druck- und Zugspannung in Kombination mit der Schichtung des Festschnees eine entscheidende Rolle. Besonders gefährlich sind die dabei entstehenden Schwimmschneeschichten wie in der folgenden Abbildung dargestellt.

Abbildung 1: Durch Temperaturanstieg entstandene Schwimmschneeschicht

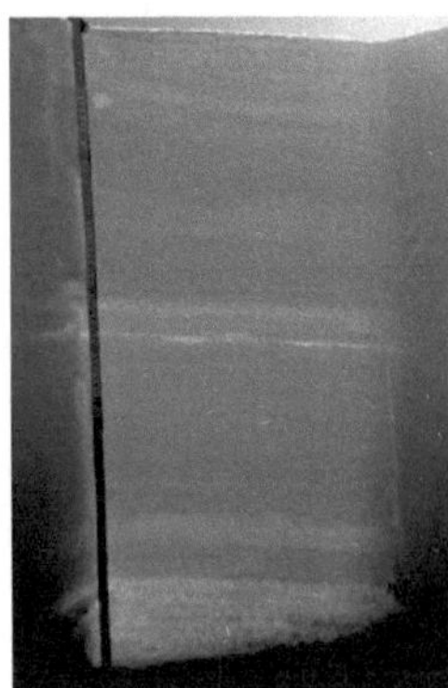

(EAWS:2009)

Schwimmschnee, welcher auch als Tiefreif bezeichnet wird, entsteht durch Umkristallisation der Schneedecke in meist bodennahen Schichten. Diese Kristallneubildungen haben wenige Verbindungen untereinander und wirken so für die darüber liegenden Schichten wie ein Kugellager. Dabei ist die Schneebrettlawine das typische Beispiel (Albrecht:1983:156-189/Lieb:2001:22).

Beim Lockerschnee dagegen ist jedes einzelne Teilchen frei beweglich. So kommt es im Falle eines Lawinenabganges zum Aneinanderstoßen der einzelnen Teilchen die dadurch die dafür typische Lockerschneelawine auslösen (Albrecht:1983:157).

Ein weiterer Punkt ist die durch den Wind hervorgerufene Schneeverfrachtung. Sie spielt nicht nur bei der Schneeverteilung im Hochgebirge eine wichtige Rolle, sondern auch bei der Entstehung von Lawinen. Selbst beim Ausbleiben der Windeinwirkung bei einem Schneefall wird der gleichmäßig verteilte Schnee beim ersten Einsetzen des Windes durch Deflation von den ausgeprägten Vollformen in Hohlformen umgewandelt. Dadurch besitzen Leehänge eine größere Mächtigkeit der Schneedecke und stellen somit eine größere Lawinengefahr dar (Lieb:2001:22/Wilson:2004:7).

3.2 Gelände als Faktor

Die Exposition ist ein sehr komplexer Faktor bei der Entstehung von Lawinen, da bei diesen Kombinationen verschiedenste Einflüsse berücksichtigt werden müssen. So werden bei ihr das Gelände, die Strahlungsverhältnisse und die Windverfrachtung vereint. Im Hochwinter kommt es durch hohe Einstrahlung zur Setzung des Schnees und damit zur Stabilisierung der Sonnenhänge. Im Gegensatz dazu birgt der Nordhang eine länger anhaltende Lawinengefahr, wobei an dieser Stelle wieder sich anreichernder Oberflächenreif eine Rolle spielt. Dieser wird bei erneutem Schneefall zu Tiefenreif, was zu Instabilität führen kann. Außerdem steigt das Gefahrenpotenzial durch die Windwirkung, welche die jeweiligen Leelagen schneereicher werden lässt (IGR:1999:12/Lieb:2001:23).

Die Hangneigung spielt ebenfalls eine wichtige Rolle, da die Lawine als ein gravitatives Phänomen in flachen Gebieten gar nicht entstehen kann. Als sicher gelten Hänge mit einer Neigung von unter 20°, wobei es bereits vorkam, dass eine Lawine bei 14° Hangneigung ihr Abbruchgebiet hatte. Die große Gefahrenzone liegt zwischen 25° und 50° Hangneigung und ungefähr 30 cm Neuschnee. An Steilhängen mit einer Hangneigung von mehr als 55° nimmt die Lawinengefahr wieder ab, da hier nur wenig Schnee akkumuliert werden kann. Wichtig ist, dass diese Einteilung nur für das Abbruchgebiet einer Lawinen gilt und nicht für die Sturzbahn oder die Ablagerungsbereiche. Natürlich sind die Bereiche, in der sich die Lawine akkumuliert und zum Stillstand kommt, sehr flach ausgeprägt (Flaig:1955:80/Lieb:2001:23/Mackowiak:1997:101/Wilson:2004:27-29).

Die Geländeform stellt einen stabilen Faktor zu den sonst so variablen Größen der Lawinenentstehung dar. Eine genaue Differenzierung zwischen Formen mit Gefahrenpotenzial und Formen ohne ein solches sind kaum möglich. Als grobe Einteilung könnten Hohlformen, glatte Flanken, Rinnen und Gräben als lawinengefährdete Gebiete genannt werden. Dagegen könnten gestufte Hänge, Rücken, Terrassen und überhaupt ausgeprägte Vollformen als lawinensicher gelten. Die Bodenrauigkeit spielt nur solange eine Rolle, bis die Oberfläche vollständig mit Schnee bedeckt ist. Ein weiterer Punkt ist die sogenannte Reliefenergie. Beim Abgang einer Lawine an einem steilen Hang ist es natürlich entscheidend, ob der Hang 10m oder 500m lang ist. Die Länge hat dann Auswirkungen auf die Schadwirkung von Lawinen (BLW:1990:142-146/Lieb:2001:23/Mackowiak:1997:101).

Die Bedeckung des Untergrundes mit Vegetation kann Lawinen sowohl begünstigen als auch verhindern. Ein dichter Wald gilt als stabilisierend, lockere subalpine Bestände dagegen haben kaum Auswirkungen auf die Stabilität eines Hanges. Mehrstufiger, dichter Wald stützt mit seinen Stämmen nicht nur die Schneedecke, sondern verteilt durch sein Kronendach den Schnee relativ gleichmäßig. Hinzu kommt, dass der Wind kaum Schnee verfrachten kann, wodurch keine großen Schneeanhäufungen an Hanglagen entstehen können. Weiterhin rutscht Schnee von den Bäumen und deren Kronendach ab und verfestigt sich mit dem am Boden liegenden Schnee, was ebenfalls zur Stabilität beiträgt. Andere kleinere Vegetationsarten, wie Sträucher und Gebüschformationen, wirken nur so lange stabilisierend, bis sie komplett eingeschneit sind. Grasgesellschaften können je nach Art rau oder glatt ausgeprägt sein. Glatt ausgeprägte Wiesen können den Lawinen als Gleitbahnen dienen (Lieb:2001:23).

3.3 Witterung als Faktor

Die Temperatur kann sich auf die Entstehung von Lawinen auswirken. So kann es bei sehr niedrigen Temperaturen zur aufbauenden Metamorphose kommen, wodurch Schwimmschnee entsteht. Im Gegensatz dazu kommt es bei mäßig tiefen Temperaturen um den Gefrierpunkt zu abnehmender Metamorphose, wodurch Zustände, wie eine hohe Lawinengefahr, über den ganzen Winter konserviert werden können.

Ein weiterer Faktor ist die Strahlung, welche vor allem auf die Metamorphose des Schnees Einfluss hat. Hierbei wirkt sie in sonnenseitiger Lage als Schmelzfaktor, in schattenseitiger Lage unterstützt sie die Metamorphose. Weiterhin ist zumeist im Frühjahr eine Tagesperiodizität der Lawinenabgänge zu beobachten. Nachts hingegen werden durch die Abkühlung Gefrierprozesse hervorgerufen, welche die Schneedecke stabilisieren (BLW:1989:172-174/Flaig:1955:73-75/Lieb:2001:22-23).

4 Lawinenklassifikation

Der Umfang einer Lawine ist in der Größe variabel. Besonders im skitouristischen Bereich wird von einer kleinen Lawine gesprochen, wenn das Schneefeld nicht größer als 20m bis 30m ist und die Mächtigkeit unter einem Dezimeter liegt. Doch selbst eine Lawine von so einer Größe kann zur tödlichen Gefahr werden. Sie kann in den unterschiedlichsten Erscheinungen auftreten. Die folgende Einteilung orientiert sich am natürlichen Ablauf eines Lawinensturzes. Demnach wird die Lawine in drei Teile untergliedert. Der Anbruch im Einzugsgebiet der Lawine, auch Anrissgebiet genannt, bildet den oberen Teil der Lawine. Danach folgt die oft langgezogene Sturzbahn, auf welcher sich die Lawine abwärts bewegt. Den Abschluss bildet das Ablagerungsgebiet, auch Lawinenkegel genannt, welcher sich durch seine meist kegel- oder fächerförmige Akkumulation des Lawinenschnees auszeichnet. Auf der folgenden Abbildung ist noch einmal die Lage und Form der einzelnen Teilbereiche einer Lawine veranschaulicht (Fischer:1999:41-42/Flaig:1955:78).

Abbildung 2: Das Lawinenschema

(FAN:1999)

4.1 Das Abbruchgebiet

4.1.1 Die Form des Anrisses

Die häufigste Differenzierung erfolgt nach der Form des Anrisses. Zeichnet sich dieser punktförmig ab, so wird dies als Lockerschneelawine klassifiziert. Ursache für einen Abgang ist bei dieser Lawinenart oft ein Anstoß von außen, der ein einzelnes Schneeteilchen in Bewegung versetzt. Ist dieses erst einmal in Bewegung, stößt es hangabwärts andere Schneeteilchen an. Dieser Vorgang setzt sich dann fort und nimmt im Laufe seiner Bewegung an Tiefe und Breite zu.

Kommt es zu einem linienförmigen Anriss, so kann, durch gleichzeitiges Abgleiten eines kompakten und flächigen Schneepaketes, eine Schneebrettlawine entstehen. Dabei kennzeichnet sich der Anriss häufig durch eine senkrecht zum Hang verlaufende Anrissstirn. „Der Initialbruch beginnt meist in einer kleinen Fläche oder an einem Punkt, wo die auftretenden Kräfte die Schneefestigkeit erreichen bzw. übersteigen[…]"(Lieb:2001:24). Danach ist eine seitlich Ausweitung charakteristisch. Schichtgrenzen oder entstandene Schwächezonen, wie Schwimmschnee, können als natürliche Gleitflächen fungieren. Schwimmschnee entsteht durch den Anstieg der Temperaturen, wodurch sich die einzelnen Schneekristalle verändern. Wie in der folgenden Abbildung dargestellt finden die Schneekristalle keinen Halt mehr untereinander, da sich ihre Kanten und Spitzen abrunden, wodurch Schwächezonen entstehen. Ein großer Unterschied zur Lockerschneelawine ist jedoch, dass die Auslösung einer Schneebrettlawine auch in Bodennähe stattfinden kann. Dabei spielen Superschwachzonen, sogenannte „hot spots" oder „weak spots"(Lieb:2001:24) eine entscheidende Rolle (Ammann:1997:68-71/Albrecht:1983:158-159/Lieb:2001:24).

Abbildung 3: Umwandlung der Schneekristalle beim Anstieg der Temperaturen

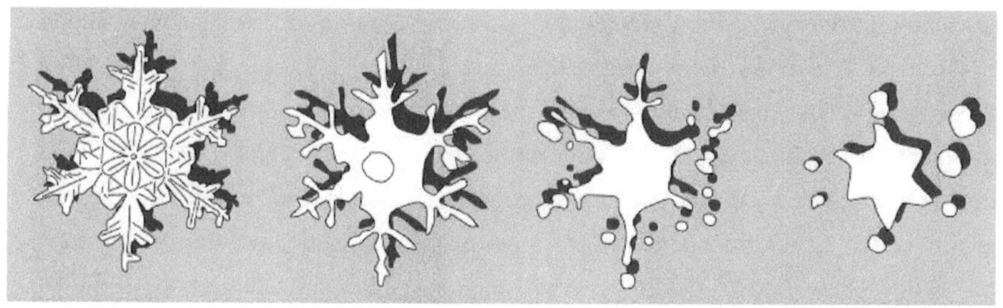

(EAWS:2009)

4.1.2 Die Lage der Gleitfläche

Bei der Lage der Gleitfläche wird zwischen Oberlawinen und Bodenlawinen differenziert. Bei der Oberlawine befindet sich die Anrissgleitfläche innerhalb der Schneedecke an bestimmten Schwächezonen. Die Bodenlawine verwendet dagegen die Bodenoberfläche als natürliche Gleitfläche. Ein weiterer Begriff in diesem Kontext ist die Grundlawine, welche fast identisch mit der Bodenlawine zu betrachten ist. Der einzige Unterschied besteht darin, dass der Begriff der Grundlawine meist im Frühjahr für schwere Nassschneelawinen verwendet wird, welche sich durch einen starken Massenschurf am Untergrund hervorheben. Eine genauere Beschreibung ist im Kapitel 4.2.2 zu finden(Ammann:1997:67-68/Bolt et al.:1975:224-225/Lieb:2001:24).

4.1.3 Die Feuchtigkeit des abgleitenden Schnees

Unter dieser Überschrift kann eine Unterteilung in Nass- und Trockenschneelawinen vorgenommen werden. Die Trockenschneelawine besteht aus pulverförmigem und trockenem Schnee, welcher nicht zusammenbäckt und meist auf eine gefrorene, glatte Unterlage fällt. Dabei tritt sie häufiger im Früh- bis Hochwinter, besonders aber nach Frosttagen auf. Im Gegensatz dazu entsteht die Nass- oder auch Feuchtschneelawine bei Tauwetter, Schneeregen oder Neuschneefällen mit anschließender Erwärmung. Die typische Zeit ist der Spätwinter. Entscheidend für die Bildung ist feuchter Neuschnee auf gefrorenen Altschnee. Dabei zieht der Altschnee das Wasser durch kapillaren Austausch nach unten und schafft eine Schmierschicht zwischen den Schneeschichten. Diese dient der gesamten Schneemasse dann als Gleitfläche, wodurch eine geringfügige Erschütterung genügt, um eine große Menge Schnee in Bewegung zu versetzen. Durch ihr enormes Gewicht üben sie extrem viel Druck auf den Boden aus, reißen Steinblöcke und Erdklumpen mit und formen den Untergrund (Bolt et al.:1975:224/Mackowiak:1997:103-105/Wilson:2004:21-22).

4.1.4 Die Art des Materials

Lawinen können sowohl aus Schnee als auch aus Eis bestehen. Eislawinen sind meistens eine Folge von langsamen Gletscherbewegungen. Dabei rückt das Eis bis zum Rand eines Abbruchs und bricht schließlich ab. Beim Herabstürzen der Eisbrocken gleicht die Eislawine jedoch eher einer Steinlawine.

4.2. Die Sturzbahn

4.2.1 Die Form der Sturzbahn

Eine weitere Unterteilung kann anhand der Sturzbahnform festgelegt werden. Hier wird in Flächenlawine, welche auf einer breiten Fläche herabstürzt, und Runsenlawinen unterschieden. Letztere charakterisiert sich durch ihren Abgang in Gräben oder Rinnen, also entlang einer vorgegebenen Form (Fischer:1999:42).

4.2.2 Die Form der Bewegung

Differenziert wird bei diesem Punkt zwischen der Fließ- und der Staublawine. Die Fließlawine, auch Grundlawine genannt, ist eine der beiden großen Katastrophenlawinen und tritt häufiger im Spätwinter auf. Hervorgerufen wird sie durch Warmlufteinbrüche und Schneefall mit anschließendem Regen. Durch diese klimatischen Bedingungen wird der Schnee matschig, weich und verliert seine Haftung am Untergrund. Ein punktförmiger Anriss ist dabei meistens der Auslöser, wobei sie sich am Boden und entlang von Gräben und Rinnen bewegt. Der gewaltige Strom an Schneemassen kann eine Länge von mehreren Kilometern erreichen. Durch die Nässe und Dichte des Schnees können auf einen Quadratmeter bis zu 100 Tonnen lasten. Beim Abgang der Lawine kann sich dadurch ein Kegel von bis zu 30 Metern Höhe anhäufen, welcher auf dem Weg ins Tal alle Hindernisse überwindet und sie gegebenenfalls mit sich führt.

Das Gegenbeispiel zur Fließlawine ist die Staublawine. Sie ist typisch für Früh- und Hochwinter. Die Grundlage stellt trockener, lockerer und feinkörniger Schnee dar. Die

Fließlawine kann als Schneebrett, Eis- oder Lockerschneelawine beginnen. Wenn der Hang dann 40° erreicht und seine Sturzbahn über Felsen führt, kann sie sich vom Boden lösen und als feines Luft–Schnee–Gemisch, mit bis zu 300 Stunden pro Kilometer, zu Tal stieben. Die Geländebedingungen spielen kaum eine Rolle. Die Gefahr liegt hier jedoch nicht beim Schnee selbst, sondern bei dem Luftdruck der entsteht und alles niederdrückt. Dabei können diese Luftdruckwellen auch außerhalb der eigentlichen Sturzbahn und des eigentlichen Ablagerungsgebietes Schäden verursachen. Überlebenschancen für Betroffene gibt es in einer solchen Lawine kaum, da sich das Luft-Schnee-Gemisch gewaltsam in die Lunge presst und zum Ersticken führt. Nicht nur deshalb gehört die Staublawine, ebenso wie die Fließlawine, zu den Katastrophenlawinen (Ammann:1997:65-68/Flaig:1955:108-112).

Wenn sich die Bewegungen der Fließlawine und Staublawine miteinander verbinden, wird von einer gemischten Bewegung gesprochen. Diese Bewegung ist bei Trockenschneelawinen in der Regel immer vorherrschend (Lieb:2001:24).

4.2.3 Die Länge der Lawinenbahn

Innerhalb der Länge der Lawinenbahn wird zwischen Tallawinen und Hanglawinen unterschieden. Dabei charakterisiert sich die Tallawine durch ein Erreichen des im Tal gelegenen Auslaufgebietes, wohingegen die Hanglawine bereits in der Sturzbahn am Hangfuß zum Stillstand kommt (Lieb:2001:24).

4.2.4 Die Art des Schadens

Eine weitere mögliche Differenzierung der Lawinen richtet sich nach der Form des entstanden Schadens. So wird zwischen Katastrophen- und Schadenslawinen und Touristen- und Skifahrerlawinen unterschieden. Letztere werden verwendet, wenn es zum Tod oder zu Verletzungen von Skifahrern kommt, die sich meistens abseits der Pisten bewegt haben. Der Begriff der Katastrophen- bzw. Schadenslawine findet seine

Anwendung bei der Beschädigung oder Zerstörung von Verkehrswegen, Gebäuden und Waldflächen (Flaig:1955:34-35).

4.3 Das Ablagerungsgebiet

Auch anhand des Ablagerungsgebietes kann eine Untergliederung in verschiedene Arten von Lawinen getroffen werden. So können die Ablagerungen durch ihre Oberflächenrauigkeit, die Feuchte und das Material differenziert werden. Letztere werden nach dem Vorhandensein von Fremdmaterial wie Holz, Gestein und Bodenmaterial in reine und gemischte Ablagerungen unterteilt. Dabei führt die Grund- oder Fließlawine das meiste Material mit sich.

Eine weitere Einteilung kann anhand der Feuchte bzw. dem Wassergehalt der Ablagerung vorgenommen werden. So wird an dieser Stelle die trockene und feuchte Ablagerung unterschieden.

Die letzte Unterscheidung im Ablagerungsgebiet kann anhand der Oberflächenrauigkeit der Ablagerung vorgenommen werden. Hierbei wird zwischen groben Ablagerungen, bei denen die Größe über 0,3 Metern liegt, und feinen Ablagerungen, bei denen die Größe unter 0,3 Metern liegt, unterschieden (Fischer:1999:42/Lieb:2001:25).

5 Lawinenforschung

Die Lawinenforschung gilt als eigenständige Wissenschaft und hat sich neben anderen naturwissenschaftlichen Disziplinen, wie der Gletscherkunde und der Meteorologie, die ebenfalls seit etwa der zweiten Hälfte des 19. Jahrhunderts einen Aufschwung erfahren haben, etabliert. Russland und die Schweiz waren zu Beginn der dreißiger Jahre die ersten Länder, die auf institutioneller Ebene Lawinenforschung betrieben. Besonders in der Schweiz wurde auf nationaler Ebene versucht, lawinengefährdete Gebiete und die dort angesiedelte Bergbevölkerung durch Lawinenschutzmaßnahmen dauerhaft zu schützen. Heute finden sich überall auf der Welt Forscher und ganze Institute, die sich permanent mit dem Thema „Schnee und Lawinen" auseinandersetzen. Dabei ist das schweizerische Eidgenössische Institut für Schnee- und Lawinenforschung (SLF) in Davos auf diesem Gebiet führend geblieben. Deren Ziel nach der Gründung 1943 ist bis heute die multidisziplinäre Erforschung der theoretischen und praktischen Grundlagen des Lawinenschutzes. Neben den Forschungen und der Veröffentlichung dieser Ergebnisse werden heute auch Dienstleistungen, wie die Erstellung der Lawinenwarnungen angeboten. Weiterhin werden gutachterliche Tätigkeiten zum Beispiel eine Gefahrenzonenplanung oder Ausbildungskurse für Bergführer angeboten. Auch deshalb gilt die SLF als renommierteste Einrichtung auf dem Gebiet der Schnee- und Lawinenforschung (Ammann:1997:93-118/Lieb:2001:26/Mackowiak:1997:106-108).

6 Lawinenschutz

Durch die dauerhafte Gefahr eines Lawinenabgangs mussten sich die Menschen schon von jeher mit dem Thema der Lawinen auseinandersetzen. Da viele Hochgebirgsländer auf den winterlichen Massentourismus angewiesen sind, müssen sie für einen angemessen Schutz sorgen. Auch deshalb gibt es in der Lawinenkunde einen eigenen Bereich, der sich nur mit dem Schutz vor der weißen Masse auseinandersetzt. Dabei wird in der Lawinenkunde zwischen zwei Grundtypen des Lawinenschutzes unterschieden, dem permanenten und dem temporären Lawinenschutz. Hierbei spielen verschieden Faktoren eine Rolle, welche eine Unterscheidung notwendig erscheinen lassen. Dabei ist besonders bei der Beurteilung des Gefahrenmoments eine Differenzierung zwischen regelmäßig und unregelmäßig wiederkehrenden Lawinen erforderlich. Weiterhin zeigt sich in der Landschaft klar ein Lawinenzug, auch Lawinenbahn genannt. Dadurch kann das Gelände, in der sich eine Lawine den Berg herabstürzt, klar abgegrenzt werden. Durch einen permanenten Schutz ist es möglich bestimmte Orte, die in oder an einer solchen Bahn angesiedelt sind, zu sichern (Bolt et al.:1975:227-229/Flaig:1955:167-169/Lieb:2001:26-27)

6.1 Permanenter Lawinenschutz

6.1.1 Technische Maßnahmen

Die, beim permanenten Lawinenschutz errichteten, Bauwerke dienen dem Zweck den Anbruch von Lawinen zu verhindern oder die Wirkung nach dem Abgehen einzuschränken. Dabei richtet sich ihre eigentliche Form nach Lage, Anbruchgebiet, Sturzbahn oder Auslaufgebiet, in der sie sich befinden. Stützverbauungen sollen die Schneedecke abstützen, wodurch die Gleit- und Kriechbewegung des Schnees eingeschränkt bzw. verhindert werden soll. Die Stützflächen, welche senkrecht zum Hang angebracht sind, sollen die Druckspannung vermindern. Sollte es doch zu einem Abgang kommen, üben die Bauten eine Bremswirkung aus und es kann nur ein Teil der Schneedecke abrutschen. Eine ältere Bauweise ist das Errichten von Mauer- und Erdterrassen, welche jedoch heute keine Anwendung mehr findet.

Eine moderne, auf der folgenden Darstellung abgebildete Methode, die über Jahrzehnte sicheren Schutz gewährt, aber auch dementsprechend kostspielig ist, sind Schneenetze und Schneebrücken aus Stahl und Drahtseilen. Diese haben die technische Aufgabe, auftretende Kräfte über entsprechend gestaltete Fundierungen in den Untergrund zu übertragen. Schneezäune und Verwehungsbauten sollen die Schneeverfrachtung durch Winddrift bzw. -verwehung eindämmen. Außerdem bewirken sie eine Ablagerung des Schnees in deren Leeseite, wodurch bei guter Positionierung der Zäune eine Akkumulation des Schnees noch oberhalb des Abbruchgebietes einer Lawine hervorgerufen werden kann.

Abbildung 4: Das Schneenetz   Abbildung 5: Die Schneebrücke

(Rammer et al.:2005)   (Rammer et al.:2005)

In Sturzbahnen und Auslaufbereichen sind Ablenk- und Bremsverbaue eine bevorzugte Maßnahme. Dabei gibt es verschiedene Konstruktionen, welche die Lawine in ihrer Richtung beeinflussen soll. Das Ebenhöh ist ein verlängertes Dach, welches vom Haus bis zum Hang reicht, wodurch die Lawine über das Haus geleitet wird. Eben diesen Effekt verfolgt auch die Lawinengalerie, welche bei Verkehrswegen eingesetzt wird und auf der folgenden Abbildung dargestellt ist.

Abbildung 6: Die Lawinengalerie

(O. A.:2007)

Ablenkdämme und Spaltkeile sollen dagegen versuchen Teile der Lawine abzulenken. Im Auslaufbereich werden dagegen Auffangdämme und Bremskegel, welche auch Höcker genannt werden, benutzt. Diese bremsen an geeigneten Flachstellen die Lawine und versuchen diese zum vorzeitigen Ablagern zu zwingen (Ammann:1997:129-133/BLW:1989:213-217/Flaig:1955:176-191/Lieb:2001:27).

6.1.2 Forstliche Maßnahmen

Die Wiederaufforstung in Anbruchgebieten ist eine wichtige und effiziente Schutzmaßnahme. Dabei sind besonders Gebiete, welche zur Weidenutzung und für die Mahdflächengewinnung gerodet wurden, betroffen. Diese wieder aufzuforsten ist eine entscheidende Maßnahme für den Lawinenschutz. Wichtig ist, dass die Jungbäume in ihrer Frühphase vor Gleitschneewirkung geschützt werden. Es wird mit 30 - 50 Jahren gerechnet, bis der junge Bestand die Schneedecke von selbst stützen kann. Ein weiterer Punkt ist die Pflege neu geschaffener, aber auch alter Waldbestände, die gewährleistet sein muss, um einen ausreichenden Lawinenschutz zu genießen. Nur dann kann von einem Bannwald, der die Lawine bannt, gesprochen werden (Ammann:1997:121-124/BLW:1989:199-201/Flaig:1955:169-176).

6.1.3 Raumplanerische Maßnahmen

Das wichtigste Instrument für die räumliche Planung ist die Erarbeitung von Gefahrenzonenplänen. Diese werden mit Hilfe von Lawinenkatastern, also die flächenhafte Erhebung aller Lawinen, erarbeitet. Die Gefahrenzonenpläne stellen die wichtigste Grundlage bei der Raumplanung im Gebirge dar. Darin werden Gebiete in rote und blaue Zonen unterteilt. In roten Zonen herrscht komplettes Bauverbot, wohingegen in blauen Zonen eine Baugenehmigung unter bestimmten Auflagen erteilt werden kann, da nur noch ein geringes Lawinenrisiko vorherrscht. Eine weitere Unterteilung in gelbe und weiße Gebiete kann vorgenommen werden, wobei diese dann ein sehr geringes Gefahrenpotenzial aufweisen (Ammann:1997:134-137).

6.2 Temporärer Schutz

Nicht immer kann auf jede neu entstehende Lawinengefahr mit einem permanenten Schutz reagiert werden, da bedrohte Gebiete oftmals erst im Sommer erreichbar sind bzw. der Schnee mit Hilfe des Windes über Nacht eine neue Gefahrenzone gebildet hat. Somit wird auf zeitnah entstandene Gefahren mit temporären Schutzmaßnahmen reagiert. Darunter zählen kurzfristige und auf spezielle Situationen abgestimmte Maßnahmen, die den permanenten Schutz ergänzen oder auch ersetzen sollen. Zeigt sich der permanente Lawinenschutz wirtschaftlich nicht rentabel, wird er durch den temporären Schutz abgelöst.

6.2.1 Warnungen

Lawinenwarndienste sind in allen Hochgebirgsregionen der Welt unverzichtbar. Jedes Land hat dabei seine eigenen Warndienste. In der Schweiz hat diese Aufgabe der SLF. Dessen Aufgabe ist es, auf der Basis von Lawinenbeobachtungen, Wetterprognosen, Wetterstationen und Untersuchungen im Gelände, einen täglichen Lawinenlagebericht für alle in Frage kommenden Gebiete zu erstellen. Danach wird dieser in allen Medien, Internet, Rundfunk und Telefon, bekannt gegeben. Dieser Lagebericht enthält nicht nur Informationen über die aktuelle Gefahrenstufe, sondern auch Wettertendenzen, den Aufbau der Schneedecke und die Verhältnisse im ungesicherten und gesicherten Gelände. An dieser Stelle gilt dann die Eigenverantwortlichkeit der einzelnen Personen im Umgang mit diesen Informationen. Lediglich im gesicherten und erschlossenen Skigebiet muss ab Gefahrenstufe 4 die Lawinenwarnleuchte eingeschalten werden (Ammann:1997:100-101/Lieb:2001:28).

6.2.2 Künstliche Lawinenauslösung

Bei der künstlichen Lawinenauslösung wird die Instabilität der Schneedecke genutzt, um Lawinen portionsweise und zu einem bestimmten Zeitpunkt abgehen zu lassen. Hierbei spielt die richtige Wahl von Ort, Zeit und der Methode eine wichtige Rolle. „Es gibt zwei Möglichkeiten, dem weißen Tod ein Schnippchen zu schlagen: man stehe den Lawinen, wenn sie herunterkommen, nicht im Wege - oder man hole sie herunter, wenn nichts im Wege steht" (Sülberg:1986:82 zit. in Lieb:2001:29). Das Auslösen von Lawinen ist durch mehrere Sprengmethoden möglich. In gut erreichbaren Bereichen werden Handsprengungen angewandt, wohingegen schlecht erreichbare Stellen mittels Minenwerfer oder Raketenrohre, wie in der folgenden Abbildung dargestellt, beschossen werden. Bei der aktuellsten Methode wird ein Sprengstoffpaket aus dem Helikopter an der Schwachstelle des Hanges abgeworfen (Ammann:1997:146-148/Lieb:2001:28-29).

Abbildung 7: Raketenrohr zur Auslösung von Lawinen

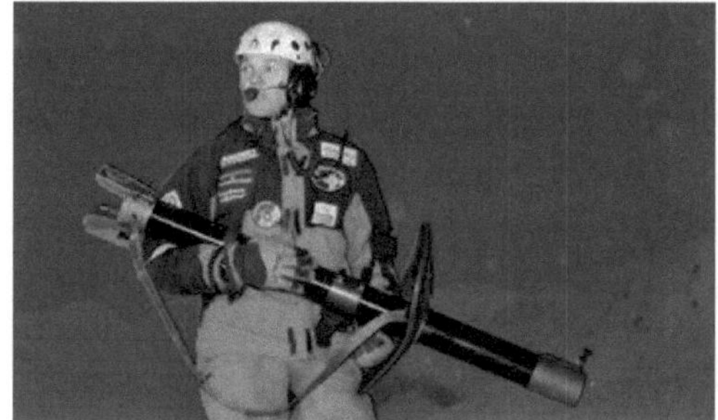

(Homann et al.:2009)

6.2.3 Sperrungen und Evakuierungen

Bei drohender Lawinengefahr müssen Verkehrswege und Pisten gesperrt bzw. geschlossen werden. Dabei liegt die Verantwortung hier beim lokalen Bürgermeister, der freiwillig tätige Fachleute, die eine Lawinenkommission darstellen, an seiner Seite hat.

Die Evakuierung erfolgt auf Grundlage von Gefahrenzonenplänen und muss sehr gut durchgeplant und vorbereitet sein. Auch hier liegt die Verantwortlichkeit beim Bürgermeister oder der Lawinenkommission. Ein großes Problem was immer wieder in ländlichen Gebieten auftritt ist, dass nie alle Personen evakuiert werden, da häufig eine Person am Hof zurückbleibt um das Vieh zu versorgen (Lieb:2001:28).

7 Fazit

Die vorliegende Arbeit sollte dazu dienen einen Einblick in das Naturphänomen der Lawine zu gewähren. Grundsätzlich lässt sich feststellen, dass das Phänomen der Lawine in vielerlei Formen auftreten kann. Dabei kommt es, aufgrund eines wechselseitigen Beziehungsgefüges aus Gelände, Schnee und Witterung zum Anriss und Abgang. Verschiedene Formen wie Schneebrett- oder Grundlawine treten selten allein auf, häufiger findet sich eine Kombination aus mehreren Arten. Ein entscheidender Punkt, welcher in den nächsten Jahren neben der Lawinenforschung weiter ausgebaut werden sollte, ist der Lawinenschutz. Ein Rückgang von Wintersportlern ist eher unwahrscheinlich, wodurch die einzelnen Gebiete weiterhin hochfrequentiert sein werden. Um eine reibungslos ablaufende Skisaison garantieren zu können, ist ein hochtechnisierter Lawinenschutz von höchster Priorität, denn Lawinengefahr bedeutet Lebensgefahr. Dafür fertigen Lawinenfachleute, welche in jeder Bergregion vertreten sind, den täglichen Lawinenlagebericht an. Abschließend bleibt zu sagen, dass es keinen hundertprozentigen Schutz vor einer Lawine gibt. Ein Blick auf den täglichen Lagebericht und das regelkonforme Befahren der dafür vorgesehenen Strecken können das Risiko in Gefahr zu geraten drastisch vermindern.

Literaturverzeichnis

Albrecht, V./Jaeneke, M./Kellermann, W./Sommerhoff, G. (1983): Wetter, Lawinen. München: BLV Verlagsgesellschaft.

Ammann, W. (1997): Lawinen. Basel: Birkhäuser- Verlag.

Bayrisches Landesamt für Wasserwirtschaft (BLW) (1989): Schutz vor Wildbächen und Lawinen- Auswirkungen der Waldschäden. München: BLW

Bayrisches Landesamt für Wasserwirtschaft (BLW) (1990): Schneebewegungen und Lawinentätigkeit in zerfallenen Bergwäldern. München: Bartels & Wernitz.

Bolt, B.-A./Horn, W.-L./Macdonald, G.-A./Scott, R.-F. (1975): Geological Hazards. Berlin: Springer Verlag

European Avalanche Warning Service (EAWS) (2009): Glossary snow and avalanches. http://www.avalanches.org/basics/glossar-en/ abgerufen am 05.04.2010

Fachleute Naturgefahren Schweiz (FAN) (1999): Naturgefahren Schweiz - Lawinen. http://www.naturgefahren.ch/pictures/Naturgefahren/A_Lawinen_Schema.jpg abgerufen am 08.04.2010

Fischer, K. (1999): Massenbewegungen und Massentransporte in den Alpen als Gefahrenpotenzial. Berlin: Gebr. Borntraeger.

Flaig, W. (1955): Lawinen. Wiesbaden: F. A. Brockhaus.

Homann, B./Meisser, U. (2009): Pistensicherheit. http://www.beobachter.ch/typo3temp/pics/Pistensicherheit06_e4e0722b86.jpg abgerufen am 08.04.2010

Institut für Geographie und Raumforschung (IGR) (1999): Naturgefahren in Kärnten, Tirol, Südtirol und Graubünden. http://www.kfunigraz.ac.at/geowww/exkursion/alpenex/naturgefahren.htm abgerufen am 05.03.2010

Lieb, G.-K. (2001) Schnee und Lawinen. Vorlesungsmanuskript Graz.

Mackowiak, B. (1997): Naturkatastrophen. Stuttgart: Franckh- Kosmos Verlags GmbH
& Co.

O. A. (2007): St.-Gotthard-Pass, Lawinengalerie an der Gotthard-Bundesstraße
Richtung Airolo. http://static.panoramio.com/photos/original/6316198.jpg
abgerufen am 08.04.2010

Organe consultatif sur les changements climatiques (OcCC) (2003): Extremereignisse
und Klimaänderung. Bern: OcCC

Rammer, L./Rainer, E./Höller, P. (2005): Richtlinien für Schneenetze in Ausarbeitung.
http://www.waldwissen.net/themen/naturgefahren/schnee/bfw_schneenetze_200
5_DE abgerufen am 08.04.2010

Wilson M.-J. (2004): Snow Avalanche Risk Management.
http://www.geog.uvic.ca/dept2/undergrad/honours/wilson_m.pdf abgerufen am
05.04.2010